Steffen Becker

Tourismus in der Dritten Welt

GRIN Verlag

Bibliografische Information der Deutschen Nationalbibliothek:

Die Deutsche Bibliothek verzeichnet diese Publikation in der Deutschen Nationalbibliografie; detaillierte bibliografische Daten sind im Internet über http://dnb.d-nb.de/ abrufbar.

Impressum:

Druck und Bindung: Books on Demand GmbH, Norderstedt Germany
ISBN: 978-3-638-84444-4

Christian-Albrechts-Universität zu Kiel

Geographisches Institut

Sommersemester 2004

Oberseminar: Geographie des Tourismus

Hausarbeit zu dem Thema:

Tourismus in der Dritten Welt

Steffen Becker

7. Fachsemester

Geographie, Politische Wissenschaft, Öffentliches Recht

Gliederung

1. Einleitung

Das Thema dieser Hausarbeit ist der Tourismus in der Dritten Welt. Mit Hilfe dieser schriftlichen Ausarbeitung sollen die Dimension und die Formen des Dritte-Welt-Tourismus dargestellt werden. Des weiteren sollen die Auswirkungen auf die Zielländer in wirtschaftlicher, soziokultureller und ökologischer Hinsicht untersucht werden.
Um den Einstieg in diese Thematik zu vereinfachen folgt im Anschluss an diese Einleitung ein kurzes Kapitel mit Definitionen von Tourismus und Entwicklungsländern.
Die zentrale Fragestellung innerhalb dieser Arbeit ist, inwieweit der Tourismus in den Zielländern als Motor der Entwicklung und des wirtschaftlichen Aufschwungs zu sehen ist oder ob die Vorteile durch den Tourismus in den „Entwicklungsländern" doch eher marginal sind und die Nachteile und negativen Auswirkungen überwiegen.
Der letzte Themenblock beinhaltet ein Fazit und die Beantwortung der zentralen Fragestellung.

1.1 Definition Tourismus

Tourismus oder Fremdenverkehr ist der „zusammenfassende Ausdruck für alle Erscheinungen und Wirkungen, die mit der Reise von Personen an einen Ort, der nicht ihr Wohn-, Arbeits- oder Versorgungsort ist, sowie mit dem, meist längerfristigen, Aufenthalt an diesem Ort zusammenhängen. Nicht zum Fremdenverkehr gehört also der Pendel- und Einkaufsverkehr sowie der nicht mit einer Übernachtung verbundene Naherholungsverkehr. Die Fremdenverkehrsstatistik zählt nur Reisen mit mindestens einer entgeltlichen Übernachtung zum Fremdenverkehr, während aus geographischer Sicht die Distanzüberwindung und raumrelevante Aktivitäten am besuchten Ort die wichtigsten Bestimmungskriterien sind. Je nach dem Zweck der Reise unterscheidet man z.B. Erholungs- und Vergnügungs-, Bildungs-, Kongress- und Heil- (Bäder-) –tourismus (-reiseverkehr), Geschäftsreiseverkehr usw."[1]

1.2 Definition Entwicklungsländer

Der Begriff „Entwicklungsländer" bezeichnet die „Ländergruppe, auch als Dritte Welt bezeichnet, die im Vergleich zu den Industrieländern weniger weit entwickelt ist. Einige Merkmale sind relativ hohes Bevölkerungswachstum, unzureichende Nahrungsmittelversorgung, Analphabetismus, Polarisierung traditioneller und moderner Wirtschaftsstrukturen, niedriges Pro-Kopf-Einkommen und Kapitalmangel. Eine international verbindliche Liste der Entwicklungsländer gibt es nicht. Die Vereinten Nationen, die Weltbank und der Entwicklungshilfe-Ausschuss (DAC) der OECD gehen zwar von ähnlichen Kriterien aus, bewerten diese jedoch unterschiedlich."[2] Im Jahr 1996 existierten nach diesem Kriterienkatalog 140 Entwicklungsländer. Davon befanden sich 6 in Europa, 51 in Afrika, 33 in Amerika, 41 in Asien und 9 in Ozeanien. 1971 wurde von der UNO eine neue Kategorie unter dem Begriff Least Developed Countries (LDC) eingeführt. Diese Kategorie vereint die rückständigsten Entwicklungsländer. Insgesamt werden 47 LDC's gezählt, davon befinden sich 32 in Afrika, 14 in Asien und Ozeanien und 1 in Lateinamerika.[3]

2. Dimension des Tourismus in der Dritten Welt

Der internationale Tourismus gehört zu den am schnellsten wachsenden Bereichen der Weltwirtschaft. Konzentrierte sich der internationale Tourismus in den 50er und 60er Jahren noch auf Europa und Nordamerika, gewannen die Entwicklungsländer ab Mitte der 60er Jahre zunehmend an Bedeutung.
Die Touristenankünfte in Ländern der Dritten Welt stiegen zwischen 1990 und 1998 von 130 Mio. auf 190 Mio., was einer Steigerung von 46 % entspricht. Gemessen an den weltweiten Touristenankünften entfallen 30 %

[1] Leser, Hartmut: Wörterbuch allgemeine Geographie. S. 229.

[2] Ebd. S. 174.

[3] Vgl. Microsoft Encarta Professional 2003 „Entwicklungsländer"

aller Reisen auf die Entwicklungsländer.[4] Die größten Steigerungen erfahren hierbei China und Mexiko (siehe Abbildung 1).

Abb. 1: Die 12 wichtigsten Ziele des Entwicklungsländer-Tourismus und deren Anteil am gesamten EL-Tourismus nach den Touristenankünften 2000 im Vergleich mit 1985 sowie deren Rang in der entsprechenden Abfolge aller Länder in der Welt und im Vergleich mit ausgewählten Industrienationen[5]

Ziel	Touristenankünfte in 1 000		Anteil (%) am EL-Tourismus		Rang in der Welt	
	2000	1985	2000	1985	2000	1985
China	31 229	7 133	14,2	10,9	5	12
Mexiko	20 643	4 207	9,4	6,4	8	16
Hongkong	13 059	3 370	5,9	5,2	14	18
Malaysia	10 222	2 933	4,6	4,5	17	20
Thailand	9 509	2 438	4,3	3,7	20	25
Singapur	7 690	2 738	3,5	4,2	21	22
Macau	6 682	739	3,0	1,1	23	50
Südafrika	6 001	728	2,7	1,1	24	51
Republik Korea	5 322	1 426	2,4	2,2	26	36
Brasilien	5 313	1 734	2,4	2,7	27	32
Ägypten	5 116	1 407	2,3	2,2	28	37
Indonesien	5 064	749	2,3	1,1	29	49
zum Vergleich:						
Spanien	48 201	27 477	-	-	3	2
Italien	41 182	25 047	-	-	4	4
Deutschland	18 983	12 686	-	-	11	8
gesamte 12 wichtigsten EL-Länder	125 850	33 771	57,1	51,8		
gesamte Entwicklungsländer	220 376	65 229	100,0	100,0		
gesamte Welt	698 793	321 240				
EL-Anteil an der Welt (in %)	31,5	20,3				

Quelle: WTO (1985 ff.); WTO: Tourism Highlights 2001; www.world-tourism.org

Bereits in jedem dritten Entwicklungsland ist der Tourismus die Haupteinnahmequelle für Devisen. Der internationale Tourismus erwirtschaftet als einer der wichtigsten globalen Wirtschaftszweige fast 11 % des weltweiten Bruttoinlandsproduktes und stellt rund 8 % aller direkten und indirekten Arbeitsplätze auf der Welt. Es wird weiter mit einer Steigerung des Entwicklungsländer-Tourismus gerechnet und die World Tourism Organisation (WTO) prognostiziert bis zum Jahr 2020 sogar ein überproportionales Wachstum.[6] Die gesteigerte Nachfrage lässt sich durch folgenden Faktoren erklären. Zum einen durch die gesteigerte Nachfrageseite der Industrieländer. Die

[4] Vgl. Aderhold, Peter: Tourismus in Entwicklungsländern. Eine Untersuchung über Dimension, Strukturen, Wirkungen und Qualifizierungsansätze im Entwicklungsländer-Tourismus. S. 3.

[5] Vorlaufer, Karl: Tourismus in Entwicklungsländern. In: Geographische Rundschau 55, H. 3, S. 7.

[6] Vgl. Aderhold, Peter: Tourismus in Entwicklungsländern. S. 3.

Einkommen steigen, der Bevölkerung steht immer mehr Freizeit zur Verfügung und mit der Zeit sind die Fremdsprachenkenntnisse und die Reiseerfahrungen gestiegen. Ein wichtiger Faktor sind die gestiegenen Kapazitäten in der zivilen Luftfahrt (Großraumflugzeuge) und durch die moderne Kommunikationstechnologie, z.B. durch das Internet und Online-Reservierungen, ist es möglich für den Großteil der Bevölkerung in kürzester Zeit eine Fernreise zu buchen. Durch die Deregulierung im Luftverkehr kam es zudem zu einem rapiden Preisverfall, so dass sich immer mehr Menschen eine Fernreise leisten können. Des weiteren sind Barrieren und Hindernisse wie z.B. Einreise- und Devisenbestimmung sukzessive abgebaut worden.[7]

Trotz der Steigerung welche die Entwicklungsländer erfahren haben und sicherlich mehr Menschen in der Dritten Welt im Zuge dieser Entwicklung vom Tourismus profitieren, bleibt doch festzuhalten das der Wirtschaftszweig Tourismus weiterhin von den Industrieländern dominiert und gesteuert wird. Rund 50 % aller touristischen Ankünfte und circa zwei Drittel der weltweiten Einnahmen im Tourismus entfallen auf die Industrieländer. Zusätzlich zu den gravierenden Unterschieden zwischen Industrie und Entwicklungsländern, existieren auch starke Disparitäten innerhalb der Dritten Welt. So hat Afrika beispielsweise insgesamt einen Weltmarktanteil von 3,99 % (1990). Davon entfallen allerdings 61,6 % auf Nordafrika, gefolgt von Ostafrika mit 16 % und Westafrika mit 13,2 %. Das südliche Afrika hat trotz der relativ starken Stellung von Südafrika nur einen Anteil von 7 % und abgeschlagen auf dem letzten Rang liegt Zentralafrika mit 2,2 %. Ähnliche Entwicklungen lassen sich auch in Lateinamerika und Asien beobachten.[8]

---

[7] Vgl. Vorlaufer, Karl: Tourismus in Entwicklungsländern. S. 4 f.

[8] Vgl. Leffler, Ulrich : Auswirkungen des Tourismus in Entwicklungsländern – eine Beurteilung auf der Basis neuerer Analysen des Ferntourismus. S. 2 ff.

3. Formen des Tourismus in der Dritten Welt

Im Laufe der Zeit haben sich im Tourismus allgemein und auch im Entwicklungsländer-Tourismus charakteristische Formen herausgebildet. Das folgende Kapitel beschäftigt sich mit drei ausgeprägten Formen des Tourismus in der Dritten Welt. Für jede Form versuche ich die Besonderheiten und die positiven sowie negative Folgeerscheinungen darzustellen, alles an einem konkreten Beispiel veranschaulicht. Beginnen möchte ich mit dem Cluburlaub am Beispiel der Dominikanischen Republik.

3.1 Cluburlaub (Dominikanische Republik)

Die Dominikanische Republik nimmt mit einer Fläche von 48 422 km² den östlichen Teil der Insel Hispaniola (etwa zwei Drittel der Insel) ein und grenzt im Westen an Haiti. In der Dominikanischen Republik lebten Ende der 1990er Jahre 7,68 Millionen Einwohner. [9] Mehr als 30% der Einwohner konzentrieren sich auf die Hauptstadt Santo Domingo.[10]

Der Fremdenverkehr bringt für das Land steigende Deviseneinnahmen. Die Dominikanische Republik steht mit knapp 2,8 Mio. Besuchern im Jahr 2002 auf dem zweiten Platz der begehrtesten Zielländer hinter Puerto Rico. Von 1,4 Mio. Auslandsgästen stiegen die Touristenankünfte um 100% innerhalb von 10 Jahren. Die meisten Touristen stammen aus Europa (2002: knapp 1 Mio.), an zweiter Stelle steht der US-amerikanische, gefolgt vom kanadischen Markt.

Besonders ausgeprägt ist der sog. „All-inlcusive Cluburlaub“, nicht nur in der Dominikanischen Republik, sondern im ganzen karibischen Raum. 48 der besten 100 All-inclusive Hotels der Welt befinden sich in der Karibik.

Ein großer Nachteil der All-inclusive Touristen ist der nur marginale Kontakt mit der einheimischen Bevölkerung und die geringe Auseinandersetzung der Reisenden mit ihrem Zielland. Weiterhin hat die ortsansässige Bevölkerung

---

[9] Vgl. Diercke Länderlexikon. Georg Westermann Verlag. Braunschweig, 1999.

[10] Vgl. Vorlaufer, Karl: Tourismus in Entwicklungsländern. S. 180.

kaum eine Möglichkeit am All-inclusive Tourismus zu verdienen. Die Händler, häufig sog. „fliegende Händler" aus dem informellen Sektor, werden als Belästigung der Touristen angesehen. Die Hotelanlage wird abgeschottet und bewacht und die einheimische Bevölkerung hat keinen Zugang zum Badestrand. Die Einheimischen werden somit von den Devisenquellen ferngehalten und partizipieren nicht an der Einnahmequelle Tourismus.[11]
Vorteilhaft an All-inclusive Ferienanlagen ist ihre Unabhängigkeit von der Versorgungsstruktur der Inseln, sie versorgen ihre Gäste ohne auf die Infrastruktur des Landes angewiesen zu sein. Dadurch werden bei der Niederlassung einer All-inclusive Ferienanlage gerade periphere Räume bevorzugt, was bei einem Blick auf Abbildung 2 bestätigt wird.

Abb. 2: Die raumzeitliche Entfaltung des Beherbergungsgewerbes in der Dominikanischen Republik[12]

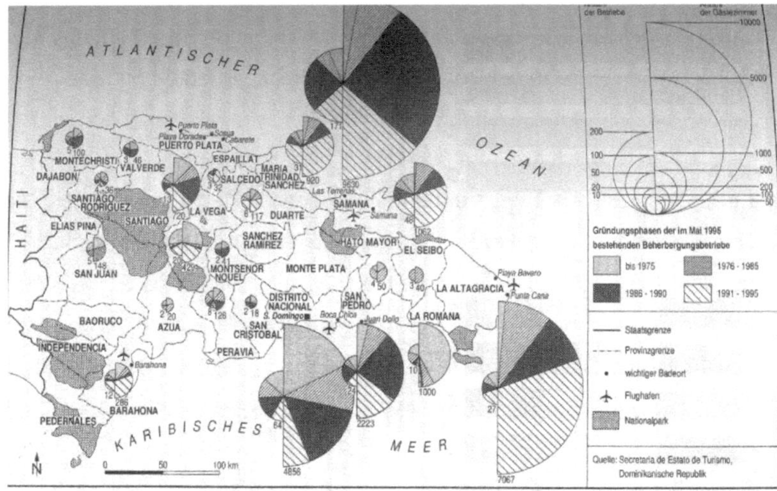

Karte 8: Die raumzeitliche Entfaltung des Beherbergungsgewerbes in der Dominikanischen Republik

Durch diese touristische Erschließung der Peripherie konnte einer weiteren Verschlechterung der räumlichen Disparitäten entgegengewirkt werden. Die pull-Faktoren der Hauptstadt verringerten sich und durch die wichtigen Ba-

[11] Vgl. Vorlaufer, Karl: Tourismus in Entwicklungsländern. S. 123 ff.

[12] ebd. S. 181

deorte an der Nordküste der Insel gewannen Städte wie z.B. Puerto Plata und Sosúa zunehmend an Bedeutung.[13]

3.2 Safariurlaub (Kenia)

Um die Tourismusentwicklung und insbesondere den Safaritourismus zu beschreiben und zu analysieren, ziehe ich das Vier-Phasen-Modell der raumzeitlichen Entfaltung des internationalen Tourismus von Vorlaufer (siehe Abbildung 3) zu Hilfe, um damit die historische Entwicklung und die aktuelle Situation des Safaritourismus am Beispiel Kenias zu erläutern.

Abb. 3: Das Vier-Phasen-Modell der raumzeitlichen Entfaltung des internationalen Tourismus von Vorlaufer in Ostafrika[14]

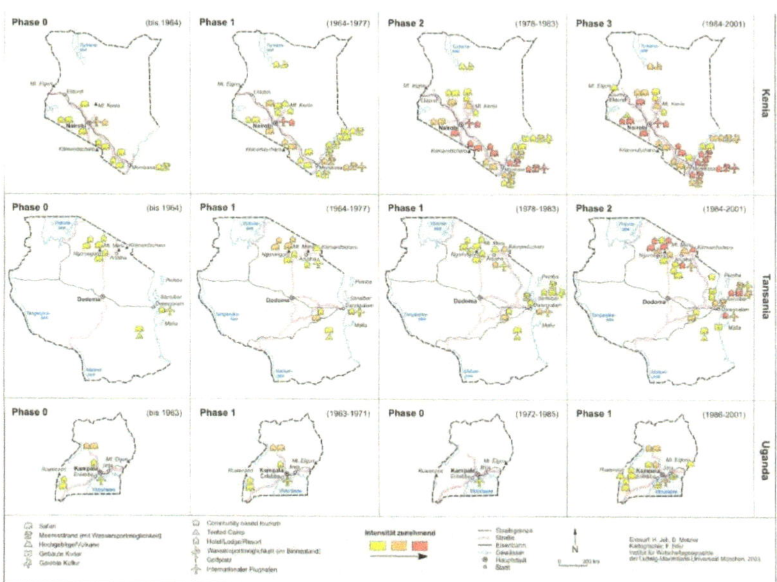

Die Kernaussage dieses Kapitels ist, dass in „Entwicklungsländern" der Tourismus meist in strukturschwachen und ländlichen peripheren Regionen sein

[13] Vgl. Vorlaufer, Karl: Tourismus in Entwicklungsländern. S. 180.

[14] Job, Hubert; Metzler, Daniel: Tourismusentwicklung und Tourismuspolitik in Ostafrika. In: Geographische Rundschau 55, H. 7/8, S. 11.

größtes Potenzial hat. Diese Räume spielen landwirtschaftlich häufig keine Rolle, so dass der Tourismus die größten Entwicklungschancen bietet.[15]
Im folgenden sollen nun die vier Phasen vorgestellt werden, die Kenia im Laufe der Jahre auf dem Weg zu einer Massentourismus-Destination durchlaufen hat.
Es beginnt mit Phase 0, der sog. Spät-kolonialen Zeit. Diese Phase dauert bis 1964 und ist geprägt durch den damals vorherrschenden Jagdtourismus.
Ab 1950 wird der Fotosafaritourismus durch die 1948 gegründete East African Tourist Travel Authority (EATTA) gefördert. Entscheidend für einen Erfolg des Safaritourismus waren die großflächigen Ausweisungen als Schutzgebiete (vgl. Abbildung 4 auf Seite 11) und die damit verbundene Eindämmung des Jagdtourismus. Die ersten Nationalparks in Kenia waren der Nairobi Nationalpark (1946), Amboseli (1947), Tsavo (1948) und Mt. Kenya (1949). Diese Ausweisungen zu Nationalparks waren von bedeutender Wichtigkeit, da durch den teilweise unkontrollierten Jagdtourismus, das ökologische Gleichgewicht doch stark in Mitleidenschaft gezogen wurde. Dazu kam, dass zu dieser Zeit die Infrastruktur noch in den Kinderschuhen steckte und deshalb die neuen Schutzgebiete meist in, für die Touristen, zumutbarer Entfernung der Hauptstadt Nairobi lagen.[16]
Die folgende Phase 1 wird im Modell als Initialphase des internationalen Tourismus bezeichnet und lief in Kenia im Zeitraum von 1964 bis 1977 ab. Diese Phase zeichnet sich durch eine kontinuierliche Verbesserung der Infrastruktur und der Beherbergungsmöglichkeiten aus, welche meist durch ausländische Investoren finanziert wurde. Auch aufgrund des interkontinentalen Flughafens entwickelte sich Nairobi schnell zum touristischen Oberzentrum. Um den Safaritourismus weiter zu entwickeln und zu stärken wurde 1966 das Ministry of Tourism and Wildlife (MTW) gegründet.

---

[15] Vgl. Job, Hubert; Metzler, Daniel: Tourismusentwicklung und Tourismuspolitik in Ostafrika. S. 10.

[16] Vgl. ebd. S. 10 f.

Abb. 4: Entwicklung der Großschutzgebiete in Ostafrika[17]

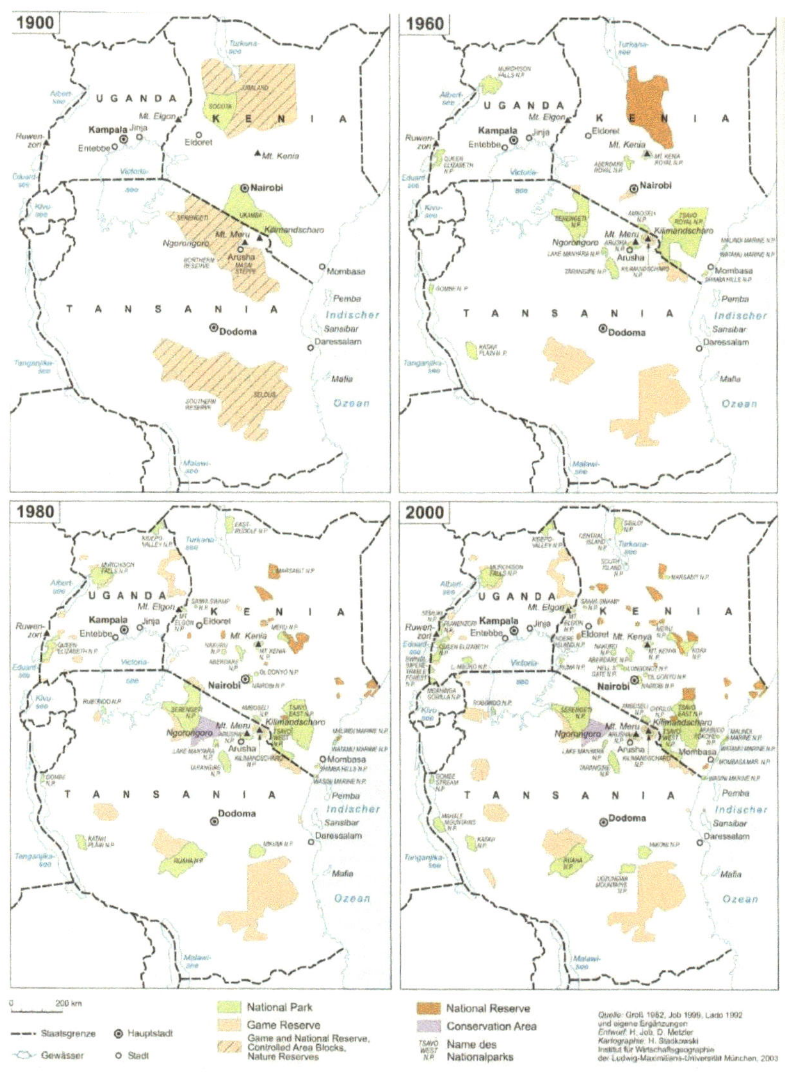

[17] Job, Hubert; Metzler, Daniel: Tourismusentwicklung und Tourismuspolitik in Ostafrika. S. 12.

Ein Aufenthalt in Nairobi wurde durch die Nähe der Nationalparks im Einzugsgebiet der Hauptstadt, oft mit einem Besuch in einem der Schutzgebiete kombiniert, was Abbildung 5 auch deutlich zeigt.

Abb. 5: Besucherzahlen in Ostafrikanischen Nationalparks[18]

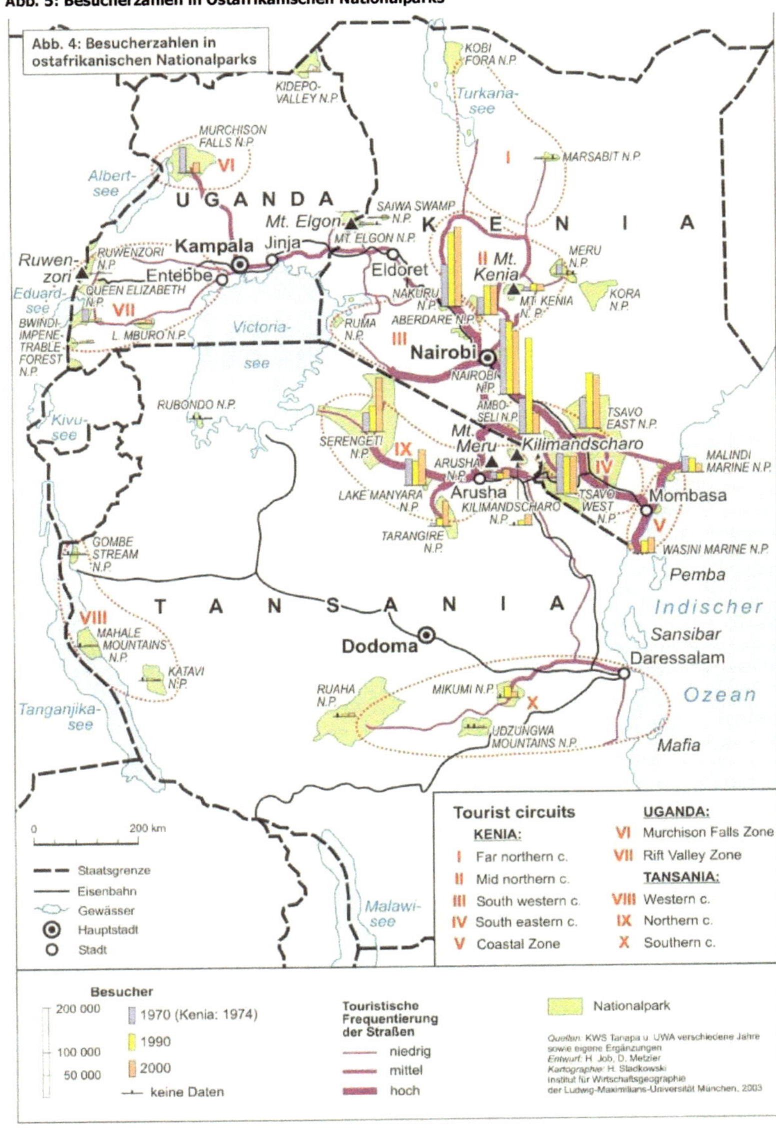

[18] Job, Hubert; Metzler, Daniel: Tourismusentwicklung und Tourismuspolitik in Ostafrika. S. 14.

Die Phase 2 (1978 – 1983) ist gekennzeichnet durch Jahre der touristischen Stagnation. Die Grenze zu Tansania wurde geschlossen und durch den Ausfall des grenzüberschreitenden Tourismus sanken die Besucherzahlen um 20%. Um diese Verluste aufzufangen und neue Zielgruppen anzusprechen wurde der kombinierte Safari- und Strandtourismus eingeführt. Um diesen Weg erfolgreich zu bestreiten wurden die Versorgungs- und Übernachtungskapazitäten zwischen Nairobi und der Küste ausgebaut, so geschehen im Tsavo Nationalpark, im Amboseli NP oder auch im Shimba Hills NP. Um das Segment Safaritourismus weiter auszubauen und die zahlenmäßig zurückgehende Wildtierpopulation zu schützen, wurde im Jahr 1978 landesweit die Jagd verboten. Die Wildtierbestände erholten sich daraufhin, allerdings gab es hohe finanzielle Einbußen im quasi nicht mehr existenten Jagdtourismus und die damit verbundenen Arbeitsplätze gingen verloren. Während der Phase 2 wurden fünf weitere Nationalparks ausgewiesen. Zwei von ihnen waren marine Schutzgebiete, um durch Schnorchel oder Tauchangebote die Touristen an die Küste zu locken. Diese Angebots- und Kapazitätssteigerung, v.a. an der Küste, „war der Schritt Kenias in Richtung Massentourismus, der z.T. nicht ohne ökologisch nachteilige Konsequenzen blieb."[19]

In die Phase 3 von 1984 bis 2001 fällt die Gründung der Ostafrikanischen Gemeinschaft und damit der erste Schritt einer touristischen Zusammenarbeit der Länder Ostafrikas. Die Grenze zwischen Kenia und Tansania wurde wieder geöffnet und die Touristenzahlen in Kenia stiegen um 50 000 pro Jahr und im Jahr 1994 reisten erstmals mehr als 1 Mio. Menschen nach Kenia.

Abb. 6: Touristenankünfte in Ostafrika 1964 – 2000[20]

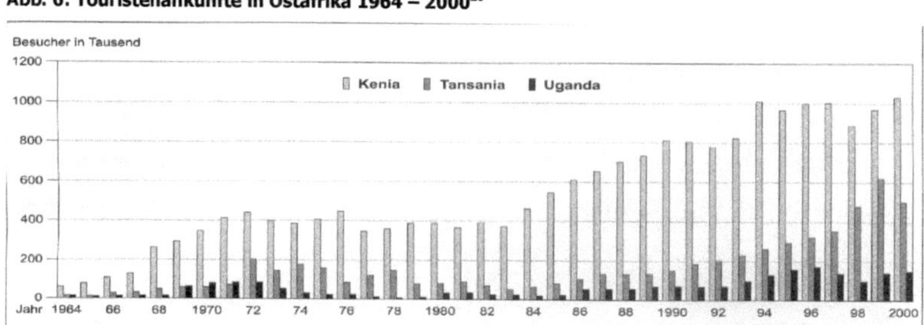

[19] Job, Hubert; Metzler, Daniel: Tourismusentwicklung und Tourismuspolitik in Ostafrika. S. 15.

[20] ebd. S. 13

Die gesamte Phase 3 betrachtend kommt man zu dem Schluss, dass die Kombination aus Safari- und Badetourismus die touristische Entwicklung der 1980er Jahre stark prägte.
Abschließend kann man über die Entwicklung des Safaritourismus in Kenia sagen, dass die Regierung und die Tourismusbehörde kein Interesse an einem kontrollierten Tourismus in den Großschutzgebieten haben und somit wird das Bekenntnis zum Massentourismus und eben nicht zum Ökotourismus von Seiten Kenias deutlich. Seit 1995 wird ein leichter Besucherrückgang in den kenianischen Nationalparks beobachtet, ausgelöst u.a. durch die gestiegene Konkurrenz aus Namibia und dem Post-Apartheid Südafrika. Der kenianische Safaritourismus hat somit seinen Höchststand erreicht und kann diese Zahlen nur noch auf dem gleichen Level halten. Wahrscheinlicher ist aber, durch die gestiegene Konkurrenz nicht nur in Ostafrika sondern auch im südlichen Afrika, ein Rückgang des Safaritourismus in Kenia.[21]

3.3 Ökotourismus (Ecuador insb. Galápagos)

Der Ökotourismus ist „eine neuere Bezeichnung für eine Form des Fremdenverkehrs, bei der naturnahe Reiseziele, ökologisch wertvolle Räume, Naturreservate, Nationalparks u.ä. als Hauptziele aufgesucht werden."[22] Diese Definition von Hartmut Leser ist meiner Meinung nach etwas grob gefasst, da man an dem Beispiel Kenias klar erkennen kann, dass ein Besuch in einem Nationalpark nicht zwangsläufig dem Ökotourismus zuzuschreiben ist. So bringt z.B. Karl Vorlaufer in seine Definition den wichtigen Begriff der Nachhaltigkeit mit ein. „Ökotourismus kann als Sonderform des sustainable tourism (nachhaltiger Tourismus) angesehen werden [...]."[23] Heinz Karrasch weist in seinem Artikel daraufhin, gezielt zwischen Natur- und Ökotourismus zu unterscheiden. Naturtourismus ist eine Form des Tourismus, wo das Naturerleben im Vordergrund steht. Ökotourismus ist dem Naturtourismus un-

[21] Vgl. Job, Hubert; Metzler, Daniel: Tourismusentwicklung und Tourismuspolitik in Ostafrika. S. 17.

[22] Leser, Hartmut: Wörterbuch Allgemeine Geographie, S. 585.

[23] Vorlaufer, Karl: Tourismus in Entwicklungsländern. S. 225.

terzuordnen, allerdings beinhaltet dieser gestiegene Anforderungen an den Tourismus und den Reisenden. Als Anforderungen benennt er:

- „Erziehungs- und Bildungsfunktion
- Ökonomische Gewinnoptimierung für die lokale Bevölkerung
- Minimierung negativer Auswirkungen auf die natürliche und soziokulturelle Umwelt sowie der Einklang mit Zielen des Naturschutzes und des Erhalts von ausgewiesenen Schutzgebieten zum gegenseitigen Nutzen"[24]

Die Galápagosinseln mussten in ihrem historischen Ablauf von einer Phase des ökologischen Raubbaus, bis hin zum heute praktizierten Ökotourismus einen weiten Weg gehen, welchen ich im folgenden kurz vorstellen möchte. Die Umweltzerstörung dieses fragilen Ökosystems begann bereits Ende des 18. Jahrhunderts durch den Menschen. Zuerst entdeckten Walfänger (1793 – 1870) die Insel für sich, in den Jahren 1800 bis 1900 kamen die Robbenfänger dazu und schließlich wurde Galápagos nach der Inbesitznahme durch Ecuador 1832 zu einer Sträflingsinsel. Die dort vorkommenden Riesenschildkröten wurden als Nahrungsquelle entdeckt und in großen Mengen auf die Schiffe verladen. Die ursprüngliche Schildkrötenpopulation betrug schätzungsweise mehrere hunderttausend Tiere. Durch den menschlichen Einfluss wurde dieser Bestand auf ein Minimum von 100 000 Tieren dezimiert. Eine zweite vom Menschen verursachte Gefährdung der einheimischen Flora und Fauna waren auf die Inseln gebrachte nichtheimische Tier- und Pflanzenarten, wie z.B. Ziegen, Schweine, Esel, Pferde, Rinder, Katzen und Hunde. Ohne natürliche Feinde konnte sich diese Arten auf den Inseln unkontrolliert ausbreiten und vermehren und gefährdeten und dezimierten somit die Bestände der heimischen Arten. Durch diese Entwicklung standen die Galápagos Inseln Ende des 19. Jahrhunderts / Anfang des 20. Jahrhunderts kurz vor einem ökologischem Zusammenbruch.

Zoologen brachten daraufhin rund 650 Riesenschildkröten außer Landes, um die Art noch zu retten. 1957 wurde eine wissenschaftliche Mission durch die

[24] Karrasch, Heinz: Galápagos: fragiles Naturparadies und Ökotourismus. In: Geographische Rundschau 55, H. 3, S. 30.

UNESCO und die IUCN (International Union for Conservation of Nature and Natural Resources) eingesetzt, welche als Ergebnis die Ausweisung eines Nationalparks und die Einrichtung einer Forschungsstation forderte, welche 1959 mit der Gründung der Charles-Darwin-Stiftung auch realisiert wurde. Die ausgewiesenen Schutzgebiete betragen 92% der Inselfläche, die übrigen 8% bestehen aus Siedlungs- und Kulturland. Der Schwerpunkt der neu gegründeten Forschungsstation war die Auf- und Nachzucht von Riesenschildkröten und die Ausrottung der eingeschleppten Tier- und Pflanzenarten. Eine britische Expertenkommission erarbeitete ein Tourismuskonzept für die Inseln, welches eine Symbiose zwischen Naturschutz und Tourismus beinhaltete. Um diese Symbiose zu erreichen, empfahl die Kommission das Segment des Kreuzfahrttourismus. Touristisch hat dieser den Vorteil, dass viele Inseln angelaufen werden können und positiv für den Naturschutz ist, dass somit Hotels und andere infrastrukturelle Baumaßnahmen innerhalb des Schutzgebietes vermieden werden. Zur Zeit befinden sich 78 Schiffe mit einer Gesamtkapazität von 1686 Personen in Betrieb.

Abb. 7: Kreuzfahrtschiffe im Galápagos-Tourismus 2001[25]

Passagierkapazität	< 20	20 - 29	30 - 49	80 - 100	Summe
Zahl der Schiffe	60	8	5	5	78
Gesamtpassagier-kapazität	844	166	216	460	1686

Datenquelle: Parque Nacional Galápagos, Puerto Ayora 17. 07. 2001 auf Anfrage

Ein typischer Aufenthalt auf Galápagos beinhaltet 4 oder 5, maximal 8 Tage. (Siehe Abbildung 8 auf Seite 17) Die relativ kurze Dauer lässt sich einmal durch die hohen Preise erklären. Zum anderen ist ein Abstecher auf die Inseln meistens in einem Reisepaket enthalten, welches noch andere Destinationen in Ecuador und/oder Peru ansteuert. Die Galápagos-Inseln haben sich aufgrund ihrer Einzigartigkeit zu einer Hochpreisdestination entwickelt.[26]
Die kurzen Aufenthalte auf den Inseln lassen allerdings kaum Entwicklungschancen für einen erfolgreichen Ökotourismus zu. Reisen im Segment Öko-

[25] Karrasch, Heinz: Galápagos: fragiles Naturparadies und Ökotourismus. S. 30.

[26] Vorlaufer, Karl: Tourismus in Entwicklungsländern. S. 226 ff.

tourismus sollten mindestens 7 Tage dauern, damit die Bildungs- und Erziehungsfunktion auch erfüllt werden kann. Außerdem ist der Einblick in solch ein fragiles Ökosystem bei einem Aufenthalt von nur 4 Tagen zu oberflächlich. Eine weitere Möglichkeit Galápagos touristisch zu entdecken, sind Aufenthalte in den Hotels außerhalb des Nationalparks von wo aus Tagestouren zu den jeweiligen Exkursionspunkten angeboten werden. Eben nur diese 40 Exkursionspunkte (siehe Abbildung 8) dürfen von Touristen besucht werden. Alle weiteren Orte im Nationalpark sind touristisches Sperrgebiet.

Abb. 8: Galápagos – touristisches Potenzial und Naturschutz[27]

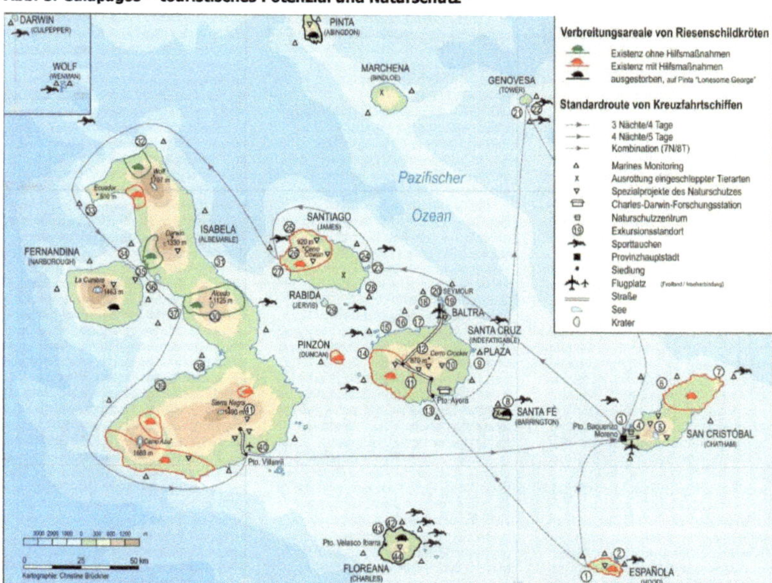

Um den Tourismus auf den Galápagos-Inseln nachhaltig gestalten zu können, wurde im Jahr 1974 ein Masterplan für den Inseltourismus aufgestellt. Dieser beinhaltete die Ausweisung von fünf Schutzzonen und von diesen sind zwei für Touristen zugänglich. Es wurde des weiteren ein Tragfähigkeitskonzept aufgestellt, welches zum Ergebnis hatte, dass die Besucherzahlen auf

---

[27] Karrasch, Heinz: Galápagos: fragiles Naturparadies und Ökotourismus. S. 29.

12 000 Personen pro Jahr limitiert werden sollten. Leider wurden keine konkreten Maßnahmen getroffen, um dieses Konzept zu realisieren. Die Folge war ein immenser Besucheranstieg ab Mitte der 1980er Jahre.

Abb. 9: Touristenentwicklung auf Galápagos[28]

Abb. 2:
A) Zuwachs der Touristen
B) Anzahl und Herkunft der Touristen 1971-2000
C) Anteil ausländischer Touristen 1976-2000

Datenquellen: Parque Nacional Galápagos, Puerto Ayora 17.07.2001 auf Anfrage

A)

Zeitintervall	1979-84	1984-89	1989-94	1994-99
absolut	7 093	23 041	11 926	12 246
prozentual	60,3	122,2	28,5	22,8

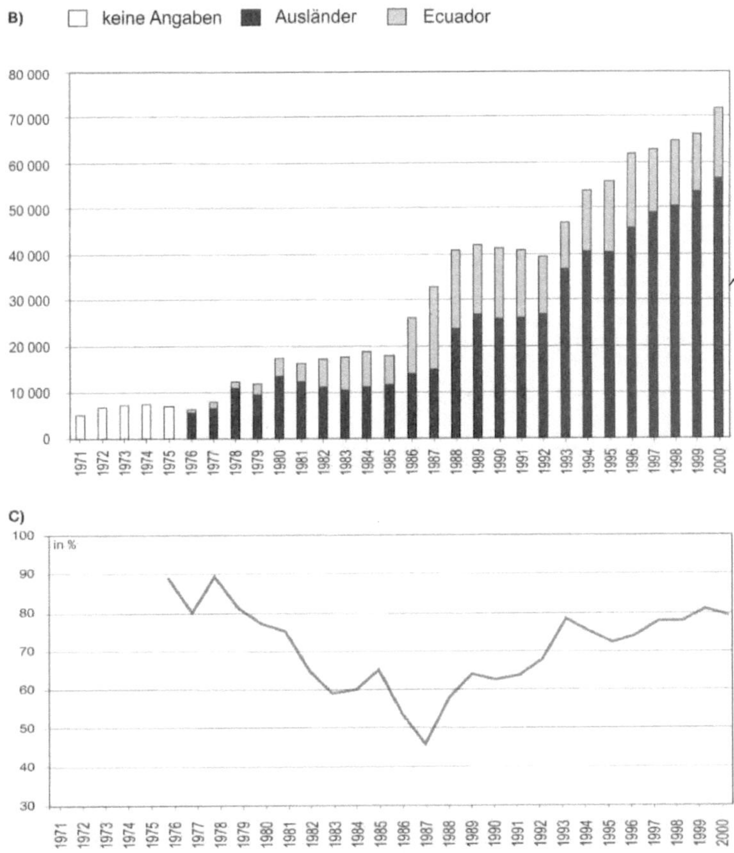

[28] Karrasch, Heinz: Galápagos: fragiles Naturparadies und Ökotourismus. S. 31.

Diese Besucherentwicklung wurde durch den zweiten Flughafen, welcher 1987 auf San Cristobal eröffnet wurde, natürlich noch verstärkt.[29] Im Jahre 1994 erkannte auch die ecuadorianische Regierung den Ernst der Lage und stellte die Lizenzvergabe für Hotels und Touristenschiffe ein.[30]
Ein weiteres Problem für die Ökotourismusdestination Galápagos ist der, über dem Landesdurchschnitt liegende, Bevölkerungsanstieg. Hauptsächlich bedingt durch eine starke Migration vom Festland, welche offiziell aber 1999 von der Regierung gestoppt wurde.

Abb. 10: Bevölkerungsentwicklung auf Galápagos (a) und Anteil an der Gesamtbevölkerung von Ecuador in % (b)[31]

Jahr	1950	1962	1974	1982	1990	2000[1)]	2020[2)]
a	1 346	2 391	4 037	6 119	9 785	16 917	>50 000
b	0,04	0,05	0,06	0,08	0,10	0,13	?

Datenquelle: Sampedro 1997, S. 58–59 [1)]Projektion, [2)]Schätzung von *Fitter* et al. 2000, S. 8

Unter den derzeitigen negativen Vorzeichen für eine ökologisch und ökonomisch nachhaltige Entwicklung wurden drei Zukunftsszenarien für die weitere Entwicklung der Galápagos-Inseln entwickelt, welche ich kurz in Stichworten vorstellen möchte. Sowohl Szenario 1 als auch Szenario 2 beschreiben eine Extremsituation. Szenario 3 behandelt den Mittelweg und daher ist es am wahrscheinlichsten, dass dieser Kompromiss auch in der Realität umgesetzt und Erfolg haben wird.

Szenario 1:

- Restriktiver Naturschutz
- Reduzierung der Touristenzahlen
- Optimum an Biodiversität
- Hohe Kosten durch Naturschutzmanagement
- Weniger Touristeneinnahmen

---

[29] Karrasch, Heinz: Galápagos: fragiles Naturparadies und Ökotourismus. S. 26 ff.

[30] Vgl. Vorlaufer, Karl: Tourismus in Entwicklungsländern. S. 229.

[31] Karrasch, Heinz: Galápagos: fragiles Naturparadies und Ökotourismus. S. 32.

Szenario 2:

- Unlimitierte Touristenzahlen
- Überschreitung der ökologischen Tragfähigkeit
- Einhaltung der Naturschutzziele nicht mehr gewährleistet

Szenario 3:

- Symbiose von Naturschutz und Tourismus
- Touristenzahlen auf dem derzeitigen Level halten
- Bevölkerungswachstum eindämmen[32]

Die Lösung der Probleme auf den Galápagos-Inseln muss auf jeden Fall eine internationale Aufgabe sein und darf nicht dem Entwicklungsland Ecuador alleine überlassen werden. Eine tragfähige und nachhaltige Alternative zum Ökotourismus gibt es für dieses Naturparadies nicht.[33]

4. Auswirkungen auf die Zielländer

Allgemein gültige Aussagen über die touristischen Auswirkungen auf die Länder in der Dritten Welt sind nicht möglich, da die Einbindung in den Weltmarkt und das touristische Potenzial von Land zu Land stark differieren. Weiterhin muss das nach wie vor geringe Volumen des Tourismus in den Entwicklungsländern berücksichtigt werden.[34] Weitere wichtige Aspekte, die bei der Betrachtung der Auswirkungen von enormer Wichtigkeit sind, ist der allgemeine Entwicklungsstand des jeweiligen Landes, die Beschaffenheit des Ressourcenpotenzials, die offizielle Tourismuspolitik der Regierung und damit einhergehend die Form und Struktur des touristischen Angebots. Und schließlich die Beteiligung der einheimischen Bevölkerung. Je größer die Be-

---

[32] Vgl. Karrasch, Heinz: Galápagos: fragiles Naturparadies und Ökotourismus. S. 32 f.

[33] Vgl. ebd. S. 33.

[34] Vgl. Leffler, Ulrich: Auswirkungen des Tourismus in Entwicklungsländern. S. 4.

teiligungsmöglichkeiten für die ortsansässige Bevölkerung, desto größer sind auch die positiven Effekte des Entwicklungsländer-Tourismus.[35]

4.1 wirtschaftliche Auswirkungen

Im ökonomischen Bereich lassen sich ganz allgemein positive Auswirkungen auf die Zielländer feststellen. Diese positiven Beiträge des Tourismus sind allerdings wiederum von Land zu Land unterschiedlich, abhängig von der Tourismusform, der einheimischen Volkswirtschaft und dem allgemeinen Entwicklungsstand des Ziellandes.[36]

Als erstes lässt sich ein positiver finanzieller Effekt konstatieren, welcher sich in den gestiegenen Bruttodeviseneinnahmen niederschlägt. Der Anteil der Bruttodeviseneinnahmen der Entwicklungsländer aus dem internationalen Tourismus stieg zwischen 1990 und 1998 um durchschnittlich 8,1 % pro Jahr.[37] Entscheidend für den wirtschaftlichen Erfolg der Entwicklungsländer sind allerdings nur die Nettodeviseneinnahmen, d.h. der Anteil der Einnahmen, der tatsächlich im Land bleibt. Der Anteil an den touristischen Deviseneinnahmen, der zur Finanzierung importierter Güter und Waren wieder ins Ausland fließt (sog. „Sickerrate"), variiert stark. Er liegt zwischen 5 % in Mexiko und deutlich über 50 % bei den Mikrostaaten, z.B. in der Karibik.[38]

Der Wirtschaftszweig Tourismus ist relativ arbeits- und weniger kostenintensiv. Dieses Merkmal trifft exakt auf Entwicklungsländer zu, wo häufig Kapitalmangel herrscht und wo eine große Zahl von potenziellen Arbeitnehmern vorhanden ist. Beispielsweise wurden in Kenia 42 000 bis 55 000 direkte und ca. 45 000 bis 65 000 indirekte Arbeitsplätze durch den internationalen Tourismus geschaffen.[39] Nachteile der Arbeitsplätze in der Tourismusbranche sind sicherlich die Saisonabhängigkeit und damit eine Unsicherheit bezüglich des Arbeitsplatzes und außerdem eine teilweise niedrige Bezahlung. Weiter-

---

[35] Vgl. Aderhold, Peter: Tourismus in Entwicklungsländer. S.30.

[36] Vgl. ebd., S. 31.

[37] Vgl. ebd.

[38] Vgl. Vorlaufer, Karl: Tourismus in Entwicklungsländer. S. 138.

[39] Vgl. ebd., S. 143 f.

hin werden für höhere Posten und qualifiziertere Arbeitsplätze häufig ausländische Fachkräfte engagiert.[40] Ein positiver Effekt ist der höhere Anteil der Frauen, welche einen Arbeitsplatz in einer dem Tourismus verbundenen Branche finden und somit auf dem einheimischen Arbeitsmarkt nicht mehr (so stark) benachteiligt werden.[41]
Positive Effekte sind zweifelsfrei auch in den vor- und nachgelagerten Wirtschaftszweigen zu verzeichnen, z.B. in der Bauwirtschaft, Transportgesellschaften und der Landwirtschaft. Zu Beginn der touristischen Erschließung profitieren die vorgelagerten Sektoren, z.B. die Bauwirtschaft. Mit der Konsolidierung des Tourismussektors überwiegen die Vorteile für die nachgelagerten Branchen, z.B. Einzelhandel, Mietwagen- und Taxiunternehmen.[42]

4.2 soziokulturelle Auswirkungen

Die soziokulturellen Auswirkungen auf die Zielländer lassen sich wie oben bereits angesprochen nicht pauschalisieren und sind länderspezifisch zu betrachten. Allerdings lässt sich festhalten, dass im Gegensatz zu den wirtschaftlichen Auswirkungen, die soziokulturellen Auswirkungen auf das Zielland eher negativer Natur sind.[43]
Die Einbringung von neuen Lebensstilen und „westlichem" Konsumverhalten in die Dritte Welt durch die Touristen ist nicht von der Hand zu weisen. Allerdings muss der internationale Tourismus dabei auch im Kontext mit dem Internet und dem weit verbreiteten Fernsehen, welche auch westliche Verhaltensmuster verbreiten, betrachtet werden.[44]
Der Tourismus verstärkt und beschleunigt Modernisierungsprozesse im Zielland, welche ohne den Kontakt zu den Touristen nicht in dem Maße ablaufen würden. Es besteht somit ein Konflikt zwischen Verhaltensmustern und Er-

---

[40] Vgl. Aderhold, Peter: Tourismus in Entwicklungsländer. S.33.

[41] Vgl. Vorlaufer, Karl: Tourismus in Entwicklungsländern. In: Geographische Rundschau 55, H. 3, S. 9.

[42] Vgl. Aderhold, Peter: Tourismus in Entwicklungsländer. S.33.

[43] Vgl. ebd., S. 36.

[44] Vgl. Vorlaufer, Karl: Tourismus in Entwicklungsländern. S. 10.

wartungen der Reisenden auf der einen Seite und den Traditionen und sozialen Standards der Bereisten auf der anderen Seite.
Dieser Konflikt wird selbstverständlich bestimmt durch das Verhältnis von Anzahl der Touristen und einheimischer Bevölkerung. In kleinen Inselstaaten ist die Berührungsfläche und damit der Konflikt wesentlich größer und intensiver als in bevölkerungsreichen Flächenstaaten.
Die Auswirkungen auf die Sozialstruktur und das Wertesystem sind weiterhin abhängig von der Form des Tourismus, wobei der Massentourismus das größte Konfliktpotenzial mitbringt, und dem Tempo mit dem sich der Tourismus im Zielland entwickelt.
In der Initialphase der Tourismuswirtschaft kann es zu Landnutzungskonflikten zwischen der zuständigen Behörde und der lokalen Bevölkerung kommen. Die Behörden weisen Land aus, auf welchem touristische Bauprojekte realisiert werden sollen. Die dort ansässige Bevölkerung wird enteignet und vertrieben und es kommt zu einem Verlust der Lebens- und Wirtschaftsgrundlage. Daraus ergibt sich in vielen Fällen eine Landflucht und eine Bevölkerungskonzentration in der touristischen Primatstadt. Große Bevölkerungsteile suchen Arbeitsplätze in den touristischen Agglomerationsräumen, wenigstens im informellen Sektor. Diese Reaktion verstärkt in vielen Entwicklungsländern die großen Disparitäten zwischen Zentrum und Peripherie.
Große gesellschaftliche Probleme ergeben sich aus der veränderten Familienstruktur. In vielen Zentren des Entwicklungsländertourismus verdienen bettelnde Kinder mittlerweile mehr, als ihre in der Landwirtschaft arbeitenden Eltern. Die Schulbildung wird vernachlässigt und dieser Prozess führt wiederum in eine stärker werdende Abhängigkeit von den „Almosen" der Industrieländer.[45]
Ein weiterer negativer soziokultureller Effekt des Entwicklungsländertourismus ist die sog. Entmythologisierung religiöser Anschauungen und Riten durch die touristische Neugier der Reisenden und der damit verbundenen

[45] Vgl. Aderhold, Peter: Tourismus in Entwicklungsländer. S.36 ff.

Öffnung heiliger Stätten.[46] Ein Beispiel hierfür wäre das Betreten des für Aborigines heiligen Uluru (Ayers Rock) durch Touristen.
Es lassen sich im Entwicklungsländertourismus allerdings auch positive soziokulturelle Auswirkungen feststellen. Zum einen eine Widerbelebung der eigenen kulturellen Werte und Sitten, sowie eine Stärkung der kulturellen Identität und ein wachsendes Selbstbewusstsein. Zum anderen lässt sich eine Verbesserung der Stellung der Frau innerhalb der Gesellschaft feststellen, welches als positiver sozialer Wandel beschrieben werden kann.[47]

4.3 ökologische Auswirkungen

Dieses Kapitel der touristischen Auswirkungen wurde erst ab den 1980er Jahren in der Wissenschaft thematisiert. Die negativen ökologischen Auswirkungen wurden erst spät erkannt, da zu Beginn des Entwicklungsländertourismus der ökonomische Vorteil absolute Priorität hatte. Durch dieses zu späte Erkennen sind einige einzigartige Ökosysteme auf der Welt bereits irreversibel zerstört und andere durch touristische Infrastrukturen einem immensen Druck ausgesetzt.[48]
Touristische Bauvorhaben bedeuten immer einen Eingriff in empfindliche Ökosysteme, besonders in Küsten- und Gebirgslandschaften. Die Vegetationsdecke wird für Hotelbauten teilweise oder manchmal sogar vollkommen zerstört, was zu einer erhöhten Erosion führt. Weiterhin werden Lebensräume von Pflanzen und Tieren zerstört. Besonders fragil sind Ökosysteme die Küstengewässer beinhalten. Dort werden Laichplätze von Fischarten und Lebensräume von Wasserpflanzen zerstört. Durch die Abtragung von Korallenbänken kommt es zu einer stärkeren Ausschwemmung von Uferbereichen und der Schutz vor Wellenschlag wird minimiert.[49]

[46] Vgl. Vorlaufer, Karl: Tourismus in Entwicklungsländern. S. 10.

[47] Vgl. Aderhold, Peter: Tourismus in Entwicklungsländer. S.37 f.

[48] Vgl. ebd. S. 40.

[49] Vgl. ebd.

Ein großes Problem ist die in touristischen Zentren meist nicht vorhandene Abwasserreinigung und ordnungsgemäße Müllbeseitigung.

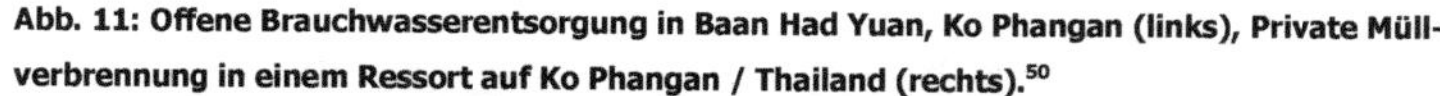

Abb. 11: Offene Brauchwasserentsorgung in Baan Had Yuan, Ko Phangan (links), Private Müllverbrennung in einem Ressort auf Ko Phangan / Thailand (rechts).[50]

Primär ist dies ökologischer Wahnsinn, verbunden mit einer gesundheitlichen Gefährdung der einheimischen Bevölkerung, die meist in unmittelbarere Nähe solcher Plätze wohnen.

Ein weiteres ökologisches Problemfeld, wo auch Konfliktpotenzial mit der einheimischen Bevölkerung gegeben ist, ist der exorbitant hohe Wasserverbrauch der Touristen in Hotelanlagen und z.B. auch auf Golfplätzen.[51] Mittlerweile wird von einem durchschnittlichem Wasserverbrauch pro Tag und Tourist von 550 Litern ausgegangen. In Deutschland liegt dieser Wert bei etwa 150 Litern pro Tag und Kopf.[52]

Durch diesen immensen Wasserverbrauch sinkt der Grundwasserspiegel und es kommt zu einer unzureichenden Versorgung der einheimischen Bevölkerung und der ansässigen Landwirtschaft. Der durchschnittliche Energieverbrauch eines Touristen liegt ebenfalls deutlich über dem Landesdurchschnitt.

Ökologisch problematisch ist ebenfalls die touristische Nachfrage nach tierischen Souvenirs wie etwa Krokodilleder und Schlangenhäute.

Negative ökologische Auswirkungen treten aber nicht nur vor Ort auf, sondern teilweise schon im Industrieland. Durch den erhöhten Flugverkehr ist

---

[50] Reuber, Paul: Probleme des Tourismus in Thailand. In: Geographische Rundschau 55, H. 3, S. 17 f.

[51] Vgl. Aderhold, Peter: Tourismus in Entwicklungsländer. S.41.

[52] Vgl. Leffler, Ulrich: Auswirkungen des Tourismus in Entwicklungsländern. S. 13.

der Kerosinverbrauch dramatisch gestiegen. Zusätzlich zur Lärmbelastung der Bevölkerung, kommt ein Verbrauch der Flugzeuge von 3 % der fossilen Brennstoffe. Die zivile Luftfahrt ist mittlerweile verantwortlich für etwa 6 % des anthropogenen Treibhauseffektes.[53]
In den letzten Jahren ist ein ökologisches Umdenken eingetreten und eine intakte und artenreiche Natur wird zunehmend als touristische Ressource gesehen, die es zu schützen gilt. Der Tourismus oder vielmehr die touristischen Einnahmen sind die Antriebskraft für Umwelt- und Artenschutz. Die Ausweisung von Nationalparks und Schutzarealen ist allerdings mit hohen Kosten und eventuellen Landnutzungskonflikten mit der dort ansässigen Bevölkerung verbunden. Nur durch die Tourismuseinnahmen können diese entstandenen Kosten gedeckt werden, daher ist dieses Modell nur erfolgsversprechend, „wenn die heimische Bevölkerung an den touristischen Einnahmen beteiligt wird und so eine intakte Natur als eine wirtschaftlich wichtige und daher zu schützende Ressource bewertet, kann ein nachhaltiger Umweltschutz etabliert werden."[54]

---

[53] Vgl. Aderhold, Peter: Tourismus in Entwicklungsländer. S.41 f.

[54] Vorlaufer, Karl: Tourismus in Entwicklungsländern. S. 11.

5. Schlusswort

Nach diesem Einblick in den Tourismus in der Dritten Welt muss nun die anfänglich gestellte Frage inwieweit der Tourismus in den Zielländern als Motor der Entwicklung und des wirtschaftlichen Aufschwungs zu sehen ist oder ob die Vorteile durch den Tourismus in den „Entwicklungsländern" doch eher marginal sind und die Nachteile und negativen Auswirkungen überwiegen, beantwortet werden.

Zusammenfassend lässt sich sagen, dass die Vorteile für die Zielländer überwiegen, welche eine diversifizierte Wirtschaftsstruktur entwickelt haben. Diese Entwicklungsländer sind nicht mehr vom Rohstoff- und Agrarexport abhängig. Gleichzeitig unterliegen sie nicht mehr dem Zwang die Importsubstitution bei meist zu kleinen Binnenmärkten zu beschleunigen.

Entwicklungsländer, die keine landwirtschaftliche oder industrielle Entwicklung durchlaufen haben und sich ganz auf den internationalen Tourismus konzentrieren, laufen Gefahr sich in eine Abhängigkeit zu begeben, vergleichbar mit einer landwirtschaftlichen Monokultur. Die Nachfrage nach Urlaubsreisen ist von unvorhersehbaren und unkalkulierbaren Faktoren, wie z.B. Modetrends, Konjunkturschwankungen, Naturkatastrophen, Bürgerkrieg, abhängig und daher ist eine totale Konzentration auf den Tourismus ein nicht kalkulierbares Risiko.[55]

Allerdings hat sich gezeigt, dass bei einer nachhaltigen Tourismusplanung, die positiven Auswirkungen maximiert und die negativen Auswirkungen verringert werden konnten. Als alleiniger Entwicklungsfaktor ist der Tourismus allerdings nicht angemessen.

Ich hoffe, dass diese Hausarbeit zur Beantwortung der gestellten Frage beigetragen hat und möchte mit einem Zitat von Karl Vorlaufer schließen: „[...] Auch dies ist *ein* Beleg dafür, dass eine globale positive oder negative Bewertung des Tourismus nicht vertretbar ist."[56]

---

[55] Vgl. Aderhold, Peter: Tourismus in Entwicklungsländer. S. 34.

[56] Vorlaufer, Karl: Dritte-Welt-Tourismus – Vehikel der Entwicklung oder Weg in die Unterentwicklung? In: Geographische Rundschau 42, H. 1, S. 12.

6. Literaturverzeichnis

1. Aderhold, Peter: Tourismus in Entwicklungsländer. Eine Untersuchung über Dimensionen, Strukturen, Wirkungen und Qualifizierungsansätze im Entwicklungsländer-Tourismus – unter besonderer Berücksichtigung des deutschen Urlaubsreisemarktes. Ammerland, 2000.
2. Amelung, Torsten: Entwicklungsländer - Tourismus und Umweltschutz: Fluch oder Segen? In: Umweltschutz und Entwicklungspolitik, Band 226, Berlin 1993, S. 167-188.
3. Bartha, Ingo: Ethnotourismus in Marokko: die Inszenierung der Berberkultur. In: Geographische Rundschau, Band 55 (H.3), Braunschweig, 2003, S. 34-38.
4. Diercke Länderlexikon, Braunschweig, 1999.
5. Gaelli, Anton: Die „weiße Industrie" auf dem schwarzen Kontinent: Afrika-Tourismus mit Fragezeichen. In: Ifo-Institut für Wirtschaftsforschung, , Band 43, München, 1990, S. 25-41.
6. Gormsen, Erdmann: Kunsthandwerk in der Dritten Welt unter dem Einfluss des Tourismus. In: Geographische Rundschau, , Band 42 (H. 1), Braunschweig, 1990, S. 42-47.
7. Gormsen, Erdmann: Tourismus in der Dritten Welt. In: Geographische Rundschau, Band 35 (H. 12), Braunschweig, 1983, S. 608-617.
8. Gormsen, Erdmann: The impact of tourism on regional development and cultural change – Introduction and conclusions. In: Mainzer Geographische Studien, Band 26, 1985.
9. Hein, Wolfgang: Tourismus und nachhaltige Entwicklung ländlicher Regionen in systemischer Perspektive: Beispiele aus Costa Rica. In: Peripherie: Zeitschrift für Politik und Ökonomie in der dritten Welt, Band 23, Münster, 2002, S. 48-88.
10. Job, Hubert; Metzler, Daniel: Tourismusentwicklung und Tourismuspolitik in Ostafrika. In: Geographische Rundschau, Band 55 (H. 7/8), Braunschweig, 2003, S. 10-17.
11. Kainbacher, Paul: Namibias Tourismus als Motor einer nachhaltigen Entwicklung? In: Internationales Afrikaforum, , Band 32, Köln, 1996, S. 369-382.

12. Karrasch, Heinz: Galápagos: fragiles Naturparadies und Ökotourismus. In: Geographische Rundschau , Band 55 (H.3), Braunschweig, 2003, S. 26-33.
13. Kurt, Eva: Tourismus in die dritte Welt – ökonomische, sozio-kulturelle und ökologische Folgen, das Beispiel Kenia. Saarbrücken, 1986.
14. Leffler, Ulrich: Auswirkungen des Tourismus in Entwicklungsländern: eine Beurteilung auf der Basis neuerer Analysen des Ferntourismus. Berlin, 1992.
15. Leser, Hartmut: Wörterbuch Allgemeine Geographie, Braunschweig, 1997.
16. Lüem, Thomas: Sozio-kulturelle Auswirkungen des Tourismus in Entwicklungsländern. Zürich, 1985.
17. Maeder, Ueli: Vom Kolonialismus zum Tourismus – von der Freizeit zur Freiheit. Zürich, 1988.
18. Menck, Wolfgang: Tourismus-Politik und Strukturanpassung in Entwicklungsländern und in Transformationsstaaten. In: Rissener Jahrbuch, Hamburg, 2000-2001, S. 193-197.
19. Mertins, Günter: Städtetourismus in Havanna. In: Geographische Rundschau, , Band 55 (H.3), Braunschweig, 2003, S. 20-25.
20. Nuscheler, Franz: Lern- und Arbeitsbuch Entwicklungspolitik, Bonn, 1996.
21. Petri, Otto: Der internationale Tourismus als Entwicklungsfaktor in Ländern der dritten Welt: eine wirtschafts- und sozialgeographische Untersuchung am Beispiel Peru. Frankfurt a.M., 1986.
22. Radetzki-Stenner, Matthias: Internationaler Tourismus und Entwicklungsländer: die Auswirkungen des Einfach-Tourismus auf eine ländliche Region der indonesischen Insel Bali. Münster, 1989.
23. Reuber, Paul: Probleme des Tourismus in Thailand. In: Geographische Rundschau, , Band 55 (H.3), Braunschweig, 2003, S. 14-19.
24. Thiessen, Bernhard: Tourismus in der Dritten Welt, Trier, 1993.
25. Tran, Duc-Tuan: Voraussetzungen für die nachhaltige Entwicklung des Tourismus in Vietnam – Am Beispiel der Region der Halong-Bucht. Hamburg, 2003.
26. Vorlaufer, Karl: Tourismus in Entwicklungsländern: Möglichkeiten und Grenzen einer nachhaltigen Entwicklung durch Fremdenverkehr. Darmstadt, 1996.

27. Vorlaufer, Karl: Dritte-Welt-Tourismus – Vehikel der Entwicklung oder Weg in die Unterentwicklung? In: Geographische Rundschau, , Band 42 (H.1), Braunschweig, 1990, S. 4-13.

28. Vorlaufer, Karl: Tourismus in Entwicklungsländern – Bedeutung, Auswirkungen, Tendenzen. In: Geographische Rundschau, Band 55 (H.3), Braunschweig, 2003, S. 4-13.

29. Vorlaufer, Karl: Bali – Tourismus und Terror im „Inselparadies". In: Geographische Rundschau, Band 55 (H.3), Braunschweig, 2003, S. 50-55.